AF339624

LES POLYÉDRES

ARITHMÉTIQUES ET FRACTIONNAIRES,

ou

DESCRIPTION ET USAGE

DE DEUX SOLIDES GÉOMÉTRIQUES,

AVEC LESQUELS ON PEUT ENSEIGNER AUX ENFANTS LES PREMIERS ÉLÉMENTS DU CALCUL PAR UN PROCÉDÉ AMUSANT ET PUREMENT MÉCANIQUE.

Par ALLIZEAU,

Auteur de plusieurs ouvrages destinés aux récréations de la jeunesse.

A PARIS,

CHEZ L'AUTEUR, MARCHAND D'OBJETS D'HISTOIRE NATURELLE, D'ART ET DE CURIOSITÉ (QUAI MALAQUAIS, N° 15).

Où on trouve aussi des modèles en relief de sa composition pour l'étude des sciences.

DE L'IMPRIMERIE DE FIRMIN DIDOT,

IMPRIMEUR DU ROI ET DE L'INSTITUT, RUE JACOB, N° 24.

AVERTISSEMENT.

Toutes les fois qu'on proposera des moyens aux enfants pour faciliter leurs premières études, et que ces moyens auront pour but de les instruire en les amusant, ce but sera rempli si on peut leur mettre entre les mains des choses qui, en parlant à leurs yeux, soient appropriées au genre d'instruction qu'on désire leur donner. Rien n'est plus difficile aux enfants que d'apprendre à compter, et c'est la partie de leur éducation élémentaire qui les ennuie le plus; aussi voit-on tous les jours que la majeure partie des enfants qui ont appris à calculer, ne peuvent pas se rendre raison d'une simple addition; et quand ils savent passablement les quatre règles, la moindre question les embarrasse; c'est bien pis, lorsqu'ils en sont aux fractions; c'est là qu'ils font beaucoup de chiffres et qu'ils ne comprennent pour la plupart que très-peu de choses: aussi ne doit-on leur apprendre à calculer qu'à l'instant où l'on s'aperçoit qu'ils commencent à réfléchir et à raisonner; avant cette époque, les calculs leur sont plus nuisibles, qu'utiles; c'est leur charger la mémoire inutilement, puisqu'ils ne comprennent nullement ce qu'on leur veut démontrer. On réussira beaucoup mieux, si on exerce les enfants aux premiers éléments du calcul avec des figures en relief; ces moyens mécaniques qui fixent l'attention et qui font agir les mains, ont pour les enfants beaucoup d'attraits, et ils apprennent, en s'amusant avec ces figures pendant une heure, plus qu'on ne pourrait leur en apprendre dans huit jours, avec une plume et de l'encre.

Je me suis occupé depuis plusieurs années à composer des jeux, dont le but est d'offrir aux jeunes gens les moyens de s'amuser et en même tems d'exciter leur émulation pour l'étude des sciences et des arts; mes peines n'ont point été perdues, le public m'a honoré de son suffrage par le débit que j'ai fait de mes jeux.

Toujours porté à me rendre utile pour cette jeunesse intéressante, je propose de mettre entre leurs mains deux figures en reliefs ou solides, divisés en plusieurs parties, avec lesquels on pourra, sans fatiguer leur mémoire, leur démontrer les quatre premières règles de l'arithmétique et les opérations des fractions.

Avec ces solides, on pourra très-bien instruire les enfants sur les premières opérations de l'arithmétique et des fractions, puisqu'on les fera opérer non pas en formant des chiffres, mais bien sur les parties d'un tout, lesquelles parties laisseront dans la mémoire des enfants une idée exacte de la chose, étant forcés eux-mêmes d'étudier les solides pour se rendre raison des parties qui composent ces mêmes solides.

Les exemples qui vont suivre, dans lesquels j'ai donné les développemens dont ils sont susceptibles, donneront une idée de l'utilité de ces solides, et le parti qu'on pourra en tirer pour l'instruction élémentaire.

LE
POLYÈDRE ARITHMÉTIQUE.

Ce premier solide que je nomme le Polyèdre-Arithmétique, est destiné aux opérations des quatre premières règles de l'arithmétique; il est composé de cent petits cubes, lesquels sont rangés dans une boîte à compartimens sur dix lignes horizontales; cette disposition convient pour faciliter les démonstrations (*).

DE L'ADDITION.

On commencera par expliquer à l'enfant que l'addition est une opération qui consiste à réunir plusieurs nombres pour en former un seul.

Premier Exemple.

Ayant ôté tous les cubes de la boîte, faites en placer par l'enfant que vous voulez instruire, un dans chaque

---

(*) Ces cent petits cubes seront susceptibles de recevoir sur une face quatre séries de l'alphabet, pour faire composer aux enfants des mots et même de petites phrases; sur une autre face des mêmes cubes, on pourra mettre une série de nombres depuis 1 jusqu'à 100. Sur une autre, on pourra y mettre aussi les nombres convenables pour former la table de multiplication combinée sur un carré, qu'on attribue à Pythagore.

Les autres faces pourront être employées à d'autres usages, tendant toujours à l'instruction des enfants; mais l'on n'a rien placé sur ces cubes pour éviter la confusion.

case, et ensuite faites lui compter ces cubes en commençant indifféremment par en bas ou par en haut, jusqu'à
ce qu'il sache compter jusqu'à 10; on augmentera de 20,
30, 40, etc, à mesure que l'enfant fera des progrès.

2ᵐᵉ EXEMPLE.

Faites placer au commençant deux cubes dans chaque
case, et ensuite faites-lui additionner ces cubes deux à
deux, en disant : 2 et 2 font 4, et 2 font 6, et 2 font
8, et 2 font 10, et ainsi de suite jusqu'à 20.

Suivez cette même marche en augmentant successive-
ment d'un cube à chaque case, vous parviendrez à faire
additionner au commençant tous les nombres jusqu'à 100.

3ᵐᵉ EXEMPLE.

Faites placer à l'enfant un cube dans la case supérieure, deux dans la case qui suit en descendant, 3 dans
la case suivante et ainsi de suite jusqu'à la dernière case
qui doit contenir 10 cubes.

Faites additionner à l'enfant tous ces cubes en commençant par 1, et 2 font 3, et 3 font 6, et 4 font 10, et 5
font 15, et 6 font 21, et 7 font 28, et ainsi en continuant
jusqu'à la case inférieure, dont le total sera égal à 55
cubes. Faites recommencer l'opération de bas en haut
jusqu'à ce que l'enfant soit bien au fait et qu'il ne se
trompe point.

On voit par ces trois exemples qu'on peut diminuer
ou augmenter le nombre des cubes dans chaque case, et
en variant, on pourra faire faire au commençant un très-
grand nombre d'additions.

DE LA SOUSTRACTION.

Expliquez au commençant que soustraire, c'est retrancher un nombre moindre d'un plus grand.

1er EXEMPLE.

Faites placer à l'enfant deux cubes dans une case, et ensuite faites-lui en ôter un, en disant : qui de 2 en ôte 1, reste 1.

2ème EXEMPLE.

Faites placer à l'enfant 10 cubes dans une case, dites-lui ensuite qu'il vous en remette 3, et demandez-lui combien il lui en reste ; il vous répondra qu'il lui en reste 7. Vous lui ferez voir en effet que de 10, ôter 3, reste 7.

3ème EXEMPLE.

Faites placer par le commençant trois rangées de cubes dans trois cases, et vous lui demanderez combien il en a placé, il vous répondra qu'il en a placé 30. Demandez-lui qu'il vous en remette 9, et qu'il vous dise combien il lui en reste dans les trois cases ; il vous répondra qu'il en reste 21. Donc de 30, ôter 9, reste 21 ; ce que vous lui démontrerez.

4ème EXEMPLE.

Faites placer par l'élève quelques cubes dans cinq cases, ensuite demandez-lui qu'il en retranche dans chaque case un nombre que vous lui indiquerez ; par exemple, s'il en a mis 4 dans la première case, 8 dans la seconde, 5 dans la troisième, 7 dans la quatrième et 9 dans la cinquième, et que vous lui en demandiez 2 dans la première case, 5 dans la deuxième, 3 dans la troisième, 6 dans la quatrième et 7 dans la cinquième; vous lui ferez réunir ces cinq nombres, $2+5+3+6+7=23$, que vous lui ferez additionner; ensuite il réunira les cubes qui restent dans les cases; ces cubes seront $2+3+2+1+2=10$, que l'élève additionnera aussi et qu'il ajoutera aux 23 cubes qu'il a retranchés des cases : ces deux opérations lui feront voir qu'il avait placé 33 cubes dans les cinq cases, mais en ayant retranché 23, il n'en reste plus que 10. Donc, qui de 33 ôte 23, reste 10; ce qu'il faut démontrer à l'élève.

L'on voit, qu'en variant les questions, on peut apprendre à un enfant à faire avec ces cubes, diverses soustractions simples, et qu'il les comprendra très-bien, puisqu'il opérera sur des quantités réelles.

Ces quatre exemples sur la soustraction suffisent pour faire comprendre la marche qu'il faut suivre pour opérer sur un plus grand nombre de cubes.

DE LA MULTIPLICATION.

On expliquera au commençant que multiplier un nombre par un autre, c'est prendre le premier autant de fois qu'il y a d'unités dans le second. Multiplier 6 par 4, c'est prendre 4 fois le nombre 6. Pour donner des notions sur la multiplication avec ces cubes, il faut opérer de la manière suivante.

(9)

1er EXEMPLE.

Proposer à l'élève de multiplier deux cubes par deux cubes. Multiplier deux cubes par 2 cubes, c'est prendre 2 fois 2 cubes; vous lui ferez prendre premièrement 2 cubes, qu'il placera à côté l'un de l'autre, ensuite vous lui en ferez prendre deux autres que vous lui ferez placer à côté des premiers, de manière qu'ils forment un carré. L'élève verra que 2 multipliés par 2 égalent 4.

2ème EXEMPLE.

Soit proposé de multiplier trois par trois.

Faites ranger par l'enfant 3 cubes sur la même ligne, de bas en haut; faites-lui placer 3 autres cubes à droite des premiers; faites-lui placer une troisième rangée à droite de la seconde, de manière que les trois rangées forment un carré; vous démontrerez par cette disposition que 3 fois 3 font 9.

3ème EXEMPLE.

Si vous proposez à l'enfant de multiplier 5 par 4, vous lui ferez ranger cinq cubes les uns sous les autres en ligne perpendiculaire, vous lui ferez placer une seconde rangée à droite de la première; et ainsi de suite, la troisième et la quatrième. Comme multiplier 5 par 4, c'est prendre 4 fois 5; vous démontrerez facilement à l'enfant, que 5 multipliés par 4 égalent 20. On peut, en suivant la même marche, exercer l'élève à des opérations plus étendues et lui donner par ce moyen un idée juste de la multiplication.

DE LA DIVISION.

Faites bien comprendre à votre élève que diviser un nombre par un autre, c'est chercher combien de fois le premier de ces deux nombres contient le second.

1ᵉʳ EXEMPLE.

Si on place quatre cubes en ligne droite, et qu'on demande de les diviser en deux parties égales; l'opération se réduira à séparer les deux cubes qui sont à droite en les éloignant des deux de la gauche, et par ce moyen on démontrera à l'enfant, que les 4 cubes sont divisés en 2 parties égales.

2ᵉᵐᵉ EXEMPLE.

Soit proposé de diviser six cubes en trois parties égales; après avoir fait disposer par l'enfant les six cubes, soit sur une ligne, soit sur deux; faites-lui séparer ces six cubes de 2 en 2, et vous lui démontrerez facilement que les 6 cubes sont divisés en trois parties égales.

3ᵉᵐᵉ EXEMPLE.

Si on demande combien trois cubes sont contenus de fois dans seize cubes; l'opération se réduira à faire placer par l'élève 16 cubes sur une ou deux lignes; ensuite on lui fera séparer autant de fois 3 cubes que 16 pourra en contenir; lui observant de ne pas les mettre ensemble, mais bien de les ranger par ordre sur une ligne verticale. Quand il aura séparé toutes ces tranches de 3 en 3, et qu'elles seront disposées convenablement, on les lui fera compter; il trouvera cinq tranches de 3 cubes chacune et un cube de reste. On lui démontrera par cette opération que 3 cubes sont contenus 5 fois dans 16 cubes, et qu'il en reste un qui ne peut se diviser.

4ᵉᵐᵉ EXEMPLE.

Soit donné à l'elève un nombre inconnu de cubes et qu'on lui demande de diviser ce nombre de cubes par 5; on le fera opérer comme dans l'exemple précédent; c'est-à-dire, qu'on lui fera séparer de la masse des cubes, autant de fois 5 cubes qu'il pourra en trouver, en lui observant toujours de placer chaque division par ordre et sur la même ligne. Lorsque cette opération sera terminée, on fera compter à l'élève le nombre des divisions qu'il a trouvées; par exemple, s'il en a trouvé 6 sans reste, on lui démontrera que la masse des cubes qu'il a divisée, était composée de 30 cubes. On lui en donnera la preuve, en lui démontrant que 6 rangées de 5 cubes sont égales à 30 cubes; parce que 6 fois 5 font 30. Mais si après la division par 5, il reste 1, 2, 3 ou 4 cubes, il sera facile de démontrer à l'élève que ce reste ne peut se diviser par 5.

Ces divers exemples sur les quatre premières règles de l'arithmétique, donneront une idée suffisante de ce qu'on peut faire avec ce premier solide, et l'enfant qui sera exercé par ce moyen mécanique aux premiers élémens, pourra commencer à calculer par les procédés ordinaires. On peut compter qu'il fera des progrès en très-peu de temps, et c'est alors qu'il pourra s'exercer avec le deuxième solide qui est destiné au calcul des fractions.

LE CUBE FRACTIONNAIRE.

Ce solide, avec lequel on peut apprendre à connaître les fractions, est divisé en dix tranches parallèles, lesquelles sont indiquées par les lettres A, B, C, D, E, F, G, H, I, K, et portent les numéros d'ordre 1, 2, 3, 4, 5, 6, 7, 8, 9, 10.

Chaque tranche est subdivisée selon l'ordre naturel des nombres, en augmentant progressivement à chaque tranche, depuis 1, jusqu'à 10.

La tranche A, n'est point divisée, elle représente la dixième partie du cube.

La tranche B, est divisée en deux parties égales.

La tranche C, est divisée en trois, et les autres progressivement jusqu'à la tranche K, qui se trouve de cette manière divisée en dix parties égales.

Par la division et subdivision des parties qui composent ce cube, on a dix séries de fractions, savoir : les 10es, 20es, 30es, 40es, 50es, 60es, 70es, 80es, 90es, et 100es du cube.

Ce solide est disposé dans une boîte, de manière que toutes les divisions se présentent à la surface supérieure.

Les tranches sont placées selon leur division d'après l'ordre numérique de gauche à droite; cette disposition est indispensable pour opérer facilement.

Les dix tranches du cube sont isolées par des tablettes

mobiles, pour faciliter le déplacement général et pour empêcher que les pièces ne se confondent les unes avec les autres.

Avec ce cube, on peut satisfaire aux propositions suivantes :

PROPOSITIONS.

1re Diviser le cube en deux parties égales.

2me Diviser . . . . en trois.

3me Diviser . . . . en quatre.

4me Diviser . . . . en cinq.

5me Diviser . . . . en six.

6me Diviser . . . . en huit.

7me Diviser . . . . en neuf.

8me Diviser . . . . en dix.

En se conformant aux dix séries de fractions indiquées plus haut, on peut satisfaire à toutes les propositions possibles ; c'est-à-dire à 540 problèmes sur les fractions.

Si l'on opère alternativement sur les dix séries, on aura les résultats suivants.

La tranche A, n'étant pas divisée, représente l'unité des dixaines.

Dans la tranche B, on trouvera la moitié du 10me du cube.

Dans la tranche C, on trouvera le $\frac{1}{3}$, et les $\frac{2}{3}$, du dixième du cube.

Dans la tranche D, on aura le $\frac{1}{4}$, la $\frac{1}{2}$, et les $\frac{3}{4}$ du dixième du cube.

La tranche E, donnera le $\frac{1}{5}$, les $\frac{2}{5}$, les $\frac{3}{5}$, les $\frac{4}{5}$, du dixième du cube; et ainsi de suite pour les autres tranches, jusqu'à celle K, dans laquelle on trouvera depuis le $\frac{1}{10}$, jusqu'aux $\frac{9}{10}$ du dixième du cube.

Si l'on combine plusieurs fractions ensemble pour ensuite les extraire du cube, on arrivera à des résultats instructifs et on pourra résoudre des problèmes qui paraîtront difficiles par l'énoncé de la proposition, mais dont les difficultés disparaîtront à la seule inspection du cube et des parties qui le composent, comme on le verra dans les exemples suivants.

DE LA DIVISION DU CUBE.

Première Proposition.

Diviser le cube en deux parties égales.

OPÉRATION.

Pour diviser le cube en deux également, il suffit de le séparer à la cinquième tranche.

2ᵐᵉ Proposition.

Pour diviser le cube en trois parties égales, il faut retirer la tranche C, ensuite former trois solides des neuf tranches qui restent, et ajouter à chacun de ces solides un tiers C.

3ᵐᵉ Proposition.

Pour diviser le cube en quatre, retirez les tranches B, D, formez quatre solides des huits tranches qui restent en les superposant deux à deux, formez quatre parties des deux tranches B, D, ajoutez-les aux quatre solides, et le cube sera divisé en quatre parties égales.

4ᵐᵉ PROPOSITION.

Le cube sera divisé en cinq parties égales, si vous le séparez de deux en deux tranches.

5ᵐᵉ PROPOSITION.

Pour diviser le cube en six parties égales, séparez les tranches B, D, F, H, les six tranches qui restent seront les bases de six divisions A, C, E, G I, K; divisez B, D, H, en six, cette opération est facile, car $B = 2$; D, pris deux à deux $= 2$; H, pris quatre à quatre $= 2$; ajoutez une de ces divisions à chacune des six tranches A, C, E, G, I, K; ajoutez y aussi $\frac{1}{6}$ de la tranche F, et le cube sera divisé en six parties égales.

Ici le cube ne peut se diviser en sept parties égales.

6ᵐᵉ PROPOSITION.

Pour diviser le cube en huit parties égales, retranchez D, H, les tranches A, B, C, E, F, G, I, K, formeront les bases des huit divisions. Divisez D, H, en huit, ajoutez ces huit divisions aux huit tranches A, B, C, E, F, G, I, K; le cube sera divisé en huit parties égales.

7ᵐᵉ PROPOSITION.

Pour diviser le cube en neuf parties égales, détachez la tranche I, portez un neuvième I, sur chacune des tranches A, B, C, D, E, F, G, H, K, et le cube sera divisé en neuf parties égales.

8ème Proposition.

Pour diviser le cube en dix parties égales, il suffit d'isoler les dix tranches qui le composent.

DES FRACTIONS DU CUBE.

Pour opérer sur les fractions du cube, il faut toujours placer la tranche qu'on destine à donner la division de ce même cube, à droite du solide; par exemple, si on opère sur des centièmes, la tranche K est à sa place, mais si l'on opère sur des quatre-vingt-dixièmes, il faut transporter la tranche K, à gauche de la tranche A, pour avoir en tête la tranche I, qui représente les 90èmes et ainsi pour les dix séries des fractions.

Ire Proposition.

On demande la 100ème partie du cube.

L'opération se réduit à retrancher du solide, une partie du dixième K, elle sera égale à la 100ème partie du cube.

2ème Proposition.

On demande les $\frac{9}{100}$ du cube.

Retranchez neuf parties du 10ème K, ces neuf parties sont les $\frac{9}{100}$ du cube.

3ème Proposition.

On demande $\frac{14}{100}$ du cube.

Comme la tranche K, est divisée en dix et qu'elle représente la 10ème partie du cube, elle indique en même tems, que les neuf autres tranches sont censées divisées en dix, ce qui suppose le solide divisé en cent parties. Pour résoudre ce problême il faut détacher la tranche I, qui représente dix centièmes, à laquelle on ajoute 4 parties du $10^{\text{ème}}$ K, et l'on aura les $\frac{14}{100}$ du cube.

$4^{\text{ème}}$ Proposition.

On demande les $\frac{90}{100}$ du cube.

L'opération se réduit à détacher la tranche supérieure K; les neuf tranches qui restent, remplissent les conditions du problême.

$5^{\text{ème}}$ Proposition.

On demande les $\frac{5}{90}$ du cube.

Transportez la tranche K à gauche de la tranche A; la tranche I, étant la première, indique que le cube est divisé en 90 parties. Pour en avoir les $\frac{5}{90}$, retranchez cinq parties du $10^{\text{ème}}$ I; ces cinq parties seront les $\frac{5}{9}$ du dixième I, ou les $\frac{5}{90}$ du cube.

$6^{\text{ème}}$ Proposition.

On demande les $\frac{32}{70}$ du cube.

Pour résoudre ce problême, il faut remarquer que le cube étant divisé en 70 parties d'après la proposition, l'opération consiste à transporter les tranches K, I, H, à gauche de la tranche A; la tranche G, étant en tête, indique la division du cube en $\frac{70}{70}$; pour résoudre le problême, détachez les quatre tranches C, D, E, F, $= \frac{28}{70}$, ajoutez $\frac{4}{7}$ du $10^{\text{ème}}$ G, qui sont égaux à $\frac{4}{70}$; vous aurez pour les conditions du problême les $\frac{32}{70}$ demandés.

$7^{\text{ème}}$ Proposition.

Soit proposé de détacher du cube les $\frac{27}{40}$. Ayant fait passer à gauche de A, les tranches K, I, H, G, F, E, en observant toujours l'ordre de transposition, la tranche D, qui indique la division du cube en 40èmes, se trouvera comme il convient à la droite du cube.

Pour avoir les $\frac{27}{40}$ du cube, prenez les six tranches C, B, A, K, I, H; elles seront égales à $\frac{24}{40}$: ajoûtez à ces six tranches trois parties D, et vous aurez lesde $\frac{27}{40}$ mandés.

8ème Proposition.

On demande $\frac{1}{7}$, du cube.

Pour avoir $\frac{1}{7}$ du cube, transportez les tranches K, I, H, à gauche de la tranche A, la tranche G, étant à droite, indique que le cube est divisé en 70 parties égales. Comme le 7ème de 70 est égal à 10, si on prend la tranche F, qui dans ce cas-ci est égale à 7, et qu'on lui ajoute trois parties de la tranche G, on aura dix parties qui seront égales au 7ème du cube.

9ème Proposition.

Si on demande le 12ème du cube; pour avoir ce 12ème vous transporterez les tranches K, I, H, G, à gauche de la tranche A; la tranche F, étant à droite, indiquera que le cube est divisé en soixante parties égales; prenez 5 parties F, ces cinq parties seront le 12ème du Cube.

10ème Proposition.

On demande la 15ème partie du cube.

Si le cube est disposé comme à la proposition précédente, la tranche F étant à droite, comme elle indique que le cube est divisé en 60 parties égales, quatre parties de cette tranche F seront la 15ème partie du cube.

11ᵉᵐᵉ PROPOSITION.

Soit proposé d'extraire du cube $\frac{1}{16}$ de sa masse.

Transportez à gauche de A la tranche K, I, la tranche H sera à droite du cube et indiquera qu'il est divisé en 80 parties égales. Détachez 5 parties de la tranche H, ces cinq parties seront le 16ᵉᵐᵉ du cube.

12ᵉᵐᵉ PROPOSITION.

Si on demande $\frac{1}{18}$ du cube, faites passer la tranche K, à gauche de la tranche A ; la tranche I, qui est divisée en neuf, indiquera que le cube est divisé en 90 parties égales. Pour avoir $\frac{1}{18}$ du cube prenez cinq parties de la tranche I, ces cinq parties seront le 18ᵉᵐᵉ du cube.

13ᵉᵐᵉ PROPOSITION.

Pour avoir le 25ᵉᵐᵉ du cube, la tranche K étant à sa place, à droite du cube ; si on retranche quatre parties de cette tranche K, ces quatre parties formeront le 25ᵉᵐᵉ du cube.

14ᵉᵐᵉ PROPOSITION.

Le trente-cinquième du cube, se trouvera en faisant passer à gauche de la tranche A, les tranches K, I, H, la tranche G, qui sera à la droite du cube, indiquera que ce solide est divisé en 70 parties égales, et deux parties de cette tranche G feront le 35ᵉᵐᵉ du cube.

On voit qu'en observant la même marche pour les dix séries, on obtiendra toutes les fractions possibles dans ce solide, lesquelles sont au nombre de 540, pour les fractions simples ; mais lorsqu'on sera un peu exercé, l'on trouvera une infinité de combinaisons qui seront aussi intéressantes qu'utiles ; lesquelles donneront naissance à une suite de problêmes qui ne laisseront pas que d'exercer celui qui voudra entreprendre de les résoudre.

15ᵉᵐᵉ Proposition.

En compliquant les questions ; par exemple, si on demande les $\frac{2}{10}$, $\frac{5}{9}$ et $\frac{4}{5}$ des $\frac{3}{10}$ du cube ; cette question qui paraît compliquée est cependant très-facile à résoudre. Prenez deux parties $K = \frac{2}{10}$ du dixième K, cinq parties $I = \frac{5}{9}$ du dixième I, et quatre parties E. Toutes ces parties réunies formeront un solide rectangulaire qui remplira les conditions du problême.

Si l'on veut réduire ces trois fractions à leur plus simple expression, on observera que les $\frac{2}{10}$ du dixième K, peuvent se réduire à $\frac{1}{5}$, et en ajoutant ce $\frac{1}{5}$ aux $\frac{4}{5}$ du 10ème E, on formera une tranche $=$ au 10ème du cube ; et en ajoutant les $\frac{5}{9}$ restant, ou aura un 10ème du cube $+ \frac{5}{9}$ du 10ème, ou une tranche et $\frac{5}{9}$ de tranche.

16ᵉᵐᵉ Proposition.

On demande $\frac{1}{20} + \frac{1}{30} + \frac{1}{60}$ du cube.

Prenez une partie $B = \frac{1}{20}$ du cube, une partie $C = \frac{1}{30}$ de cube et une partie $F = \frac{1}{60}$ du cube ; ces trois parties réunies formeront une tranche égale aux trois fractions demandées. Si on réduit ces trois fractions à leur plus simple expression, on verra qu'elles se réduisent à un 10ème du cube.

On se bornera ici, à ces dernières propositions ; elles suffiront pour faire sentir le parti qu'on peut tirer de ce cube fractionnaire.